일러스트로 더 알기 쉬운,

스페인
가정식 레시피

| 박수정 저 |

i THINK
아이생각

일러스트로 더 알기 쉬운,

스페인 가정식 레시피

| 만든 사람들 |
기획 실용기획부 | **진행** 한윤지 | **집필** 박수정 | **편집·표지 디자인** D.J.I books design studio 김진

| 책 내용 문의 |
도서 내용에 대해 궁금한 사항이 있으시면
저자의 홈페이지나 아이생각 홈페이지의 게시판을 통해서 해결하실 수 있습니다.

아이생각 홈페이지 www.ithinkbook.co.kr
아이생각 페이스북 www.facebook.com/ithinkbook
디지털북스 카페 cafe.naver.com/digitalbooks1999
디지털북스 이메일 digital@digitalbooks.co.kr
저자 이메일 hola_soo@naver.com
저자 인스타그램 @soo_illustration

| 각종 문의 |

영업관련 hi@digitalbooks.co.kr
기획관련 digital@digitalbooks.co.kr
전화번호 (02) 447-3157~8

스페인에서 살았던 2년 3개월 동안, 스페인으로 떠난 목적이었던 일러스트 공부를 제외하고 가장 관심 있는 부분은 음식이었다. 길지 않은 시간 동안 일상에서 얻은 경험만으로도 스페인은 빠에야, 상그리아만으로는 결코 한정지을 수 없는, 지역마다 다양한 음식과 마실거리가 넘치는 곳이었다.

스페인에서 처음은 학교의 방침에 따라 홈스테이를 했고 그 후에는 비슷한 또래의 스페인 여자 두 명이 살고 있는 피소를 구했다. 가끔 손주들의 등하교 길을 돌보며 혼자 사는 멋쟁이 홈스테이 맘의 음식들과, 같이 살았던 친구들과 나눴던 식사가 나의 스페인 가정식의 시작이었다.
홈스테이 맘은 전식, 메인, 후식이 나눠진 식사를 준비해 주었기 때문에 진짜 가정에서 만드는 소박하고 따뜻한 가정식 메뉴를 다양하게 접할 수 있었다. 그리고 회사 점심시간이면 집에 와서 점심을 차려 먹거나 저녁엔 다음날 도시락을 준비하던 친구들 덕분에 각자의 가정에서 입맛에 맞게 발전·변형되어온 레시피를 배우거나 맛볼 수 있는 일상이었다.
스페인 가정식을 접할 수 있었던 시작 덕분에 유학생활 중 가장 즐거웠던 고민은 당연하게도 '이번 주에는 뭘 해 먹을까?'였고, 그 시절 즐겼던 요리들이 지금도 여전히 일상에서 스페인에 대한 그리움을 달래주곤 한다.

내가 느끼고 경험했던 스페인 음식들과, 또 빈 캔버스에 대한 두려움 없이 가벼운 마음으로 시작할 수 있는 드로잉에 대해 공유하고 싶어서 이 책을 만들기로 결심했다.
책에 담은 레시피는 스페인 가정식 중 한국에서 구할 수 있는 재료로, 전문적인 지식이나 도구 없이도 간단하게 만들 수 있는 메뉴로 구성했다. 드로잉도 마찬가지로 그림에 대한 기초나 재료의 부담 없이 시작할 수 있도록 '이것은 꼭 이래야만 한다'는 틀을 따로 정해놓지 않았다.

레시피는 각자의 입맛에 맞게 조금씩 바꾸어 볼 수도 있고 드로잉은 사물의 형태나 선이 꼭 반듯하지 않아도 괜찮다. 큰맘 먹고 시작하지 않아도 색다른 기분을 낼 수 있는 요리와 찌글찌글 비뚤어진 선이 오히려 매력적인 그림이 되는 드로잉으로 일상을 즐겨주시길 바란다.

PART 1

채소

Gazpacho Andaluz
Ensalada de Atún
Huevo Roto
Salmorejo
Patatas Bravas
Pan con Tomate

PART 2

도시락으로도 좋은

Empanada
Tortilla de Patatas
Croquetas de Jamón
Bomba de Patata Rellena
Bocadillo

MENU

PART 3
~~~~~~~~

고기와 해산물

~~~~~~~~

Tres Pinchos
Pulpo al la Gallega
Salsa Verde
Gambas al Ajillo
Paella Valenciana
Bacalao al Ajoarriero
Fideuà
Calamares Fritos
Pollo al Chilindrón
Sopa de Soja con Chorizo

PART 4
~~~~~~~~

디저트와 술

~~~~~~~~

Torrijas
Churros con Chocolate
Arroz con Leche
Sangria

올리브오일

스페인 요리에서 소금만큼 사용 빈도가 높은 중요한 재료. 등급이나 산도, 향, 품질 등의 기준에 따라 다양한 종류가 있는데 보통은 마트에서 판매하는 요리용 올리브오일이면 무난하게 사용할 수 있다. 샐러드처럼 조리하지 않은 음식에 올리브오일을 곁들여 먹는 경우를 위해서 취향에 맞는 맛을 찾아보거나, 일반 조리용보다 등급이 조금 높은 제품을 먹어보는 것도 좋다.

일반적인 병에 담긴 제품 외 스프레이 병으로 판매하는 제품도 있는데, 넓은 부위에 골고루 분사할 수 있어 활용도가 높은 편이라 하나쯤 가지고 있으면 편리하게 사용할 수 있다.

소금, 후추, 렌틸콩, 발사믹, 참치캔, 훈제 파프리카 가루, 우유, 파스타면

발사믹: 신맛이 강하고 묽은 제형의 발사믹과 신맛과 단맛이 나는 꾸덕한 제형의 글레이즈드 발사믹이 있다.

훈제 파프리카 가루: 아마 이 책에서 사용하는 재료 중 가장 생소한 재료가 아닐까 싶다. 레시피에 사용하는 대부분의 재료는 우리에게도 익숙한 재료로 바꾸거나 가능할 때는 생략한다. 하지만 훈제 파프리카 가루만큼은 대체 불가능한 요리들이 있어서 하나쯤 준비해 두는 것을 추천한다.

(*가격이 저렴한 편은 아니지만 대형 마트나 인터넷에서 쉽게 찾아 볼 수 있다.)

스리라차 소스, 가공 토마토(토마토소스), 올리브, 병아리콩, 시나몬 스틱, 꿀

스리라차 소스: 스페인 전통 소스는 아니지만 빠따따스 브라바스나 보까디요 데 깔라마레스 등 약간 매운 맛이 나는 소스를 사용할 때 간단 대용품으로 사용하기 좋다.

가공 토마토: 토마토 파스타 소스에는 이미 진하게 양념이 되어있는 경우가 많아서(때에 따라 파스타 소스를 함께 넣기도 하지만) 생 토마토가 없을 때는 주로 병이나 캔에 담겨있는 토마토 퓨레나 홀 등 가공 토마토를 사용한다.

* 마시고 남은 화이트 와인은 잘 보관해 두자. 요리에 사용하는 경우가 종종 있다.

오렌지, 레몬, 마늘, 감자, 양파, 피망(파프리카), 달걀, 토마토, 해산물(새우, 홍합),
고기(돼지고기, 닭고기), 초리소, 하몽

초리소, 하몽

초리소나 하몽은 스페인 요리에서 많이 사용하는 재료 중 하나이다. 좀 더 쉽게 구할 수 있는 소시지나 베이컨 등으로 대체할 때도 있지만, 그래도 맛이나 향이 달라서 구매가 아주 어렵지 않다면 레시피 그대로 초리소, 하몽을 사용하는 것을 추천한다.
(대형 마트에서 한 두 종류는 쉽게 찾아 볼 수 있고, 인터넷에도 몇 천 원에서 몇 만 원 대로 다양하게 구매할 수 있다.)

감자 그리기

적합한 재료

선: 색연필, 연필, 컬러펜
채색: 수채화, 아크릴물감, 마카펜 등

① 선으로 감자 형태를 잡아준다. 감자는 타원형을 기본으로 반듯하지 않게, 한 쪽이 찌그러진 불규칙한 모양으로 그리는 게 자연스럽다.

② 선으로 그린 형태에 따라 채색한다.

③ 선 드로잉으로 채색한 감자 뒤로 겹쳐서 놓인 감자 위치를 잡고 채색한다. 조금씩 다른 크기와 모양으로 그리고 중간에 껍질을 제거한 감자도 베이지색으로 그린다.

④ 기존에 사용한 색보다 어두운 색으로 질감표현을 하고 감자와 감자 사이 경계선에 더 어두운 색으로 명암을 넣어준다.

⑤ 뒤에는 망에 담긴 감자를 그릴 건데 먼저 선으로 형태를 잡아준다. 감자 망의 흐물흐물한 재질을 생각하면서 형태를 잡아야 한다.

⑥ 형태를 잡아둔 감자 망 안으로 선을 십자로 겹쳐 채워준다. 선은 살짝 구불구불하게 불규칙적으로 긋는게 자연스럽다.

토마토 그리기

*토마토는 구성이 다른 두 가지 모양을 그려볼 텐데 먼저 조금 더 단순한 구성의 토마토부터 연습해보자.

① 토마토의 형태는 기본 타원형에서 윗 부분을 조금 울퉁불퉁하게 표현한다.

② 그려둔 형태를 따라 채색하기.

③ 채색한 토마토 위로 겹쳐진 두 개의 토 마토를 드로잉하고 채색한다.
크기와 형태감은 조금씩 차이를 주어 표현한다.

④ 조금 더 진한 색으로 슥슥 터치감 주   ⑤ 윗부분에 꼭지를 그리고 마무리.
　 기. 토마토 꼭지를 그릴 주변 부분도
　 표현한다.

*앞서 그려보았던 방법과 순서를 생각하면서 줄기에 길게 달려있는 토마토도 그려보자.

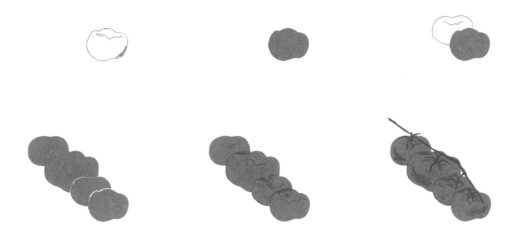

두 종류의 빵, 마늘, 달걀 그리기

적합한 재료

선: 색연필, 연필, 컬러펜
채색: 수채화, 아크릴물감, 마카펜 등

두 종류의 빵 그리기

컬러

① 긴 타원형을 기본으로 양쪽이 뾰족한 모양을 그려준다. 가운데는 볼록하게.

② 더 어두운 색으로 윗부분에 바게트의 갈라진 부분을 그리고, 아래쪽에 터치감을 줘서 명암 표현을 한다.

③ 색연필같이 거친 질감이 나는 재료를 사용해서 디테일한 느낌 더하기.

흑백

① 흑백으로만 빵을 그리는 방법이니 연필이나 검정색, 회색 계열의 색연필 사용 추천.
잘라진 바게트 모양을 생각하면서 형태를 잡아준다.

② 빵 옆면을 질감 느낌이 나게 채워준다. 꼼꼼히 채색하지 않아도 되고 오히려 흰 부분이 조금씩 보이는게 좋다. 윗면은 불규칙하게 크고 작은 동그라미와 점으로 빵 단면을 표현해준다.

③ 그려둔 빵 아래로 겹쳐진 빵 형태잡기.

④ 선이 겹쳐진 부분이 보이게 형태를 먼저 잡고 윗면과 옆면을 구분해서 옆면을 선으로 반복해서 채워주기.
빵 윗부분도 표현하는데, 깔끔한 선보다 조금 거친 느낌이 나게 재료를 사용하는 편이 좀 더 자연스럽다.

⑤ 그려둔 빵 주변으로 동그랗게 접시 그리고 채색하기.

마늘 그리기

① 마늘은 조금 울퉁불퉁하고 둥근 몸통에 위에는 길고, 아래는 짧은 돌출 부분이 있는 형태라고 생각하면 되는데 마늘의 형태감을 생각하면서 윗부분부터 그린다.

② 몸통 부분을 그리고 몸통 윗부분엔 울퉁불퉁한 모양도 선으로 그려준다.

③ 그려둔 마늘 뒤로 몇개를 더 그리고 가장 앞에 있는 마늘에 터치감을 내준다. 연필이나 색연필을 조금 뉘어서 그어주면 재료의 질감이 넓게 그려짐.

④ 밝은색으로 채색한다. 꼼꼼히 전부 채색하지 않고 흰 부분이 보여도 ok.

⑤ 기존에 사용했던 색보다 어두운색으로 부분부분 명암 표현하기.

⑥ 감자 그리기에서 했던 방법대로 뒤에 있는 마늘 주변으로 마늘망 그려주기.

⑦ 마늘망의 재질감을 생각하면서 자연스러운 선으로 채우고 라벨도 꾸며주기.

달걀 그리기

① 상자에 들어있는 달걀 모양을 생각하면서 첫 번째 달걀 위치를 잡아준다.

② 그려둔 달걀 주변으로 상자 그리기. 직사각형 모양으로 옆면에 살짝 두께감을 그려준다.

③ 상자 윗면을 그려준다. 먼저 앞에 그려둔 직사각형 위로 비슷한 모양의 직사각형 선을 그리고 옆면을 그린다. 직사각형 모양이나 선이 반듯하게 깔끔하지 않아도 괜찮으니 천천히 이어서 그려준다.

④ 상자 아랫부분 그리기.

⑤ 달걀 채색하기.

⑥ 슥슥 그어서 상자에 디테일을 준다. 연필이나 색연필을 조금 뉘어서 그어주면 재료의 질감이 넓게 그려짐.

PART 1

채소

Gazpacho Andaluz

✳가스빠초는 날씨가 더운 스페인 남쪽, 안달루시아 지방의 대표적인 음식이다. 빨갛게 잘 완숙된 토마토로 만들고 냉장고에 보관해두고 먹는 차가운 스프로 토마토 생산량이 많고 날씨가 더운 여름에 주로 먹는다. 마트에 가면 시판 가스빠초도 많이 판매하는데 그것도 여름에 더 많은 종류가 진열되곤 한다.

재료

TOMATE   AJO   PEPINO

: **완숙 토마토** 1kg(5-6개), **오이** 1/2개, **마늘** 2-3쪽, **올리브오일, 소금** +) 레몬즙 약간(생략 가능)

레시피

1 재료 세척, 손질해 두기.

토마토는 껍질을 제거하지 않고도 조리 가능하지만 제거한 뒤 만들면 더 부드러운 식감으로 맛볼 수 있다.

*껍질 제거하는 법: 세척하고 꼭지를 따 둔 토마토 아랫부분에 십자로 칼집을 내준다. 뜨거운 물에 30 초-1분 정도 데치거나 포트에 뜨거운 물을 끓인 뒤 토마토 위에 부어줘도 ok. 표면을 살짝 익혀주면 껍질 제거가 쉽다.

2 믹서에 토마토, 마늘, 오이 1/2, 올리브오일 10-20cc(1-2스푼), 소금 한 꼬집, 레몬즙 약간을 넣어서 곱게 갈아준다. + 물 200-300ml, 취향껏 농도 조절.

*반나절이나 하루 정도 냉장고에 넣어두었다 먹기.

*먹을 때 올리브오일 조금과 잘게 다진 파슬리를 뿌려 먹기도 한다.

ENSALADA
DE ATÚN

＊올리브오일, 소금, 발사믹을 드레싱으로 뿌리고 참치를 곁들여 먹는 샐러드이다. 한국에서는 샐러드에 참치를 넣어 먹는 게 조금 생소하지만 스페인에서는 집, 레스토랑, 학생식당 등 에서 매우 흔하게 볼 수 있는 샐러드 메뉴이다.

재 료

: **샐러드용 채소**(마트에서 봉지로 판매하는 채소를 사용하면 제일 쉽고, 로메인, 양상추, 치커리 등을 섞어서 사용하는게 좋다), **소금, 발사믹 식초**(글레이즈드 가능), **올리브오일**(엑스트라 버진), **참치캔,**
+) 방울토마토 혹은 토마토, 올리브, 오이, 삶은 달걀, 앤초비 등 취향에 따라 추가 가능

레시피

1️⃣ 흐르는 물에 샐러드용 채소를 세척하고 물기 빼두기(채소 탈수기를 사용하면 편하다).

2️⃣ 참치 기름 제거.

3️⃣ 접시에 샐러드용 채소, 토마토를 올리고 소금을 조금 뿌린 뒤 한 번 섞어준다.

4️⃣ 기름 뺀 참치와 올리브를 올리고 발사믹 식초, 올리브오일을 둘러준 뒤 섞어서 먹는다.
(취향껏 소금, 발사믹 식초, 올리브오일 조절 + 개인적인 추천은 소금, 올리브오일, 발사믹 글레이즈드 추가)

HUEV
Rot

3. 우에보 로또

*달걀을 깨뜨린다는 뜻의 Huevo Roto
*튀긴 감자 위에 반숙 달걀프라이와 하몽을 올리고 반숙한 달걀프라이를 터뜨려서 함께 먹는다. 하몽의 짭짤함과 달걀, 감자의 어울림이 훌륭하다.

AMBAR
CERVEZA
PATATA
HUEVO
FRITO
JAMÓN
jamón

Patata Huevo Jamón

: 감자 1-2개, **달걀** 1-2개, **하몽**

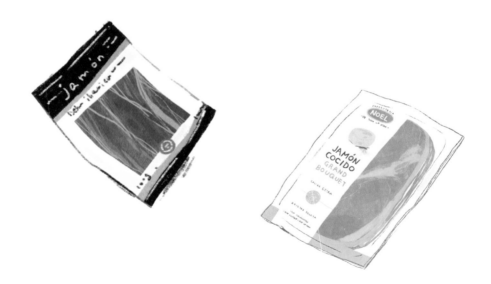

*감자는 시판된 냉동 감자튀김 사용 가능.

*하몽은 베이컨이나 프로슈토 같은 짭짤한 가공 햄으로 대체 가능.

레시피

1 손질한 감자는 적당한 크기로 잘라둔다.

2 튀겨도 ok, 오븐이나 에어프라이어에 구워도 ok. +
소금 간 약간
*오븐이나 에어프라이어 사용 시에는 오일을 뿌려서
190도로 25분

3 팬에 오일을 넉넉히 두르고 튀기듯 달걀프라이를
한 면만 익혀서 반숙으로!(중요)

4 튀긴 감자, 달걀프라이, 하몽 순서로 접시에 올린 뒤 반숙으로 익힌 노른자를 터트려서 먹는다.
*맥주와 함께 먹는 것 추천

햄(Jamón cocido)패키지 그리기

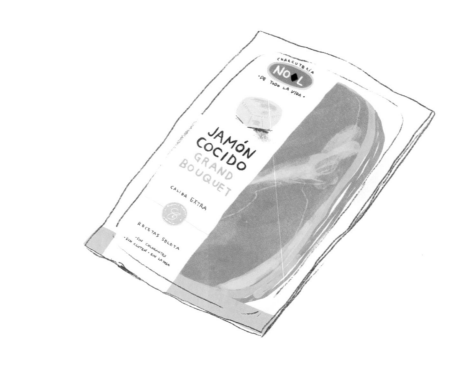

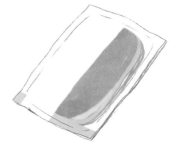

① 선으로 햄 포장지 형태 그려주기. 옆 　② 패키지 라벨 부분을 채색하고 분홍색 계열을 사용해서 햄 부분도 채색한다.
　면에는 선을 더 그려서 두께감 표현
　해주기.

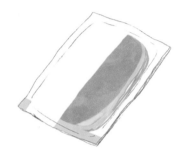 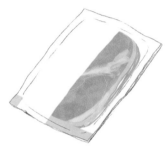 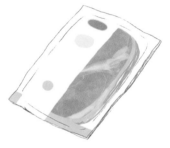

③ 기존에 사용했던 색보다 밝은색으로(흰색에 가까운 밝은 분홍) 햄 채색한 부분에 ④ 패키지 라벨 부분 묘사하기.
　명암을 넣고 디테일을 더해준다.

⑤ 패키지 글자 넣어주기.
　*패키지에 있는 글자는 메인으로 있는 글자와 그 다음 눈으로 보이는 부분까지 형태가 보이도록 적고 나머지 아래에 있는 글자
　들은 대강의 느낌만 나게 살려서 넣어 준다.

Salmorejo

4. 살모레호

＊가스빠초와 레시피는 거의 비슷하다. 레시피에 빵이 들어가는 부분과 삶은 달걀, 하몽을 올려먹는 것이 다른 점이다. 살모레호도 주로 여름에 차갑게 해서 먹는 음식이다.

재료

PAN

TOMATE

DIENTE
DE
AJO

ACEITE
DE
OLIVA

: **완숙 토마토** 3-4개, **빵**(바게트같이 달지 않은 식사빵), **마늘** 2-3쪽, **올리브오일**, **소금**, **설탕**

레시피

1 재료 세척, 손질해 두기.

토마토는 껍질을 제거하지 않고도 조리 가능하지만 제거한 뒤 만들면 더 부드러운 식감으로 맛볼 수 있다.

*껍질 제거하는 법: 세척해서 꼭지를 따 둔 토마토 아랫부분에 십자로 칼집을 내준다. 뜨거운 물에 30초-1분 정도 데치거나 포트에 물을 끓인 뒤 토마토 위에 부어줘도 ok. 표면을 살짝 익혀주면 껍질 제거가 쉽다.

2 믹서에 토마토, 마늘, 올리브오일 10-20cc(1-2스푼), 소금 한 꼬집, 빵을 넣어서 곱게 갈아준다. + 물 100-200ml, 취향껏 농도 조절.

3 작게 자른 삶은 달걀과 하몽을 올려 먹는다.(생략 가능)

*빵은 먹다 남아서 딱딱해진 빵을 활용해도 좋다.

*취향껏 소금이나 설탕 추가 가능(설탕은 신맛을 조금 완화시켜주는 용도, 단맛 x)

*반나절이나 하루 정도 냉장고에 넣어두었다 먹기.

Patatas Bravas

5. 빠따따따스 브라바스

＊튀긴 감자에 마요네스, 토마토가 베이스인 소스를 곁들여 먹는 음식. 여느 식당에나 바Bar에서 저렴한 가격에 볼 수 있다. 감자와 두 가지 소스, 단순한 조합이지만 식당마다 사용하는 소스의 맛이 달라서 빠따따따스 브라바스가 맛있는 식당을 찾는 게 일상의 즐거운 부분이기도 했다. 맥주와 함께 먹는 것을 추천!

: 감자, 올리브오일, 소스

소스1: 마요네즈, 마늘(다진 마늘 가능)
소스2: 양파 1개, 마늘 3-4쪽, 페페론치노, 파프리카 가루, 토마토(가공 토마토 가능)

레 시 피

1 감자 껍질을 벗기고 적당한 크기로 잘라준다.

2 팬에 올리브오일을 넉넉히 두르고 튀기듯 익혀준다.

오일 사용을 줄이고 싶을 때

a. 삶아서 익힌 다음 팬에 올리브오일을 적게 두르고 겉만 바삭해지게 굽는다.
b. 오븐이나 에어프라이어를 이용할 때는 오일 브러쉬나 오일 스프레이를 사용해 전체적으로 가볍게 오일을 뿌려준다.
*시판되는 냉동 감자튀김도 가능

소스 레시피

*Patatas bravas의 포인트는 튀긴 감자에 마요네즈 베이스(흰색)와 살짝 매콤한 토마토 베이스(빨강) 소스를 함께 뿌려 먹는 것(스페인 마트에는 시판 브라바스 소스도 있다).
*토마토 베이스 소스만 뿌려먹는 것이 가장 기본적인 방법이다.
간단해 보이는 소스에도 여러 가지 변형이 있기 때문에 몇 가지 간단한 소스 레시피를 소개하려고 한다.

1 전통적인 방법의 Bravas 소스
a. 작은 팬이나 냄비에 올리브오일을 두르고 슬라이스한 마늘, 다진 양파를 볶는다.
b. 소금, 후추, 페페론치노1-2개 부셔서 넣어준다.
*페퍼론치노는 취향에 따라 양 조절
c. 양파가 익었을 때 쯤 파프리카 가루를 한 스푼 넣고 조금 볶다가 다진 토마토 혹은 토마토 퓨레를 넣고 5-10분 정도 더 볶는다.
d. 한 김 식힌 다음 믹서 혹은 핸드믹서로 갈아준다.

2 개인적으로 좋아하는 소스

*식당마다 Bravas 소스가 조금씩 다른데, 토마토 베이스 소스 대신 마치 우리나라의 매콤한 고추기름 같은 소스를 뿌려주는 곳도 있다. 알리올리와 이 소스의 조합을 가장 좋아한다.

a. 작은 팬이나 냄비에 올리브오일을 두르고 슬라이스한 마늘, 페페론치노를 넣고 약불로 5분 정도 볶기.

*페페론치노는 매콤한 맛을 좀 더 살리기 위해서 부셔서 넣기도 하는데, 취향에 따라 매운 맛을 조절한다.

b. 마늘과 페페론치노를 건져내고(체에 걸러도 ok) 파프리카 가루 1스푼을 넣어서 잘 섞어준다.

파프리카 가루는 쉽게 타기 때문에 약불에서 조리한다.(때에 따라 불을 끄고 예열로 조리하는 것도 좋다).

*기름에 녹으면서 전체적으로 붉은빛을 띤다.

3 간단 버전 브라바스 소스

a. 토마토 파스타 소스에 타바스코 소스를 조금 넣고 섞는다.

b. 스리라차 소스

4 Ali-oli 알리올리 소스(아주 간단한 버전)

-마요네즈 2-3스푼, 마늘 다진 것 1티스푼, 레몬즙 약간, 꿀 조금을 넣고 섞는다.

~~~~~~~~

먹는 방법

~~~~~~~~

1. 전통적인 방법: 튀긴 감자 위에 소스1만 듬뿍

2. 간단한 방법: 튀긴 감자 위에 소스3 + 소스4

3. 가장 좋아하는 방법: 튀긴 감자 위에 소스2 + 소스4

*그리고 시원한 맥주 한 잔

맥주병 패키지 그리기

적합한 재료

선: 색연필, 연필, 컬러펜
채색: 수채화, 아크릴물감, 마카펜 등

① 가장 윗부분 병뚜껑부터 시작해서 병의 형태를 그려준다. 비율을 나눠서 병의 좁은 입구 부분이 병 전체의 ⅓ 정도고 나머지가 넓어지는 아랫부분이라고 생각하면 형태잡기가 좀 더 쉽다.

② 그려둔 병에 라벨과 그 안에 들어갈 부분 묘사하기.

*예시 그림의 맥주병처럼 사물의 형태가 꼭 반듯하지 않고 사물의 대칭이나 원근감이 안 맞을 수도 있다. 하지만 이런 부분들이 오히려 그림의 개성으로 표현될 수 있으니 전체적인 형태만 틀리지 않는다면 작은 부분은 크게 신경 쓰지 말고 그린다.

③ 색깔별로 나눠서 채색하기.

④ 병 모양 따라서 채색하기.

⑤ 패키지 라벨에 글자를 넣고 병 아래 컵 받침 표현하기.

*모양이 단번에 그리기 어려운 글자는 여러 번 연습을 해보고 본 그림에 그려 넣는 것이 좋다.

PAN CON TOMATE

6. 빤 꼰 또마떼

*빤 꼰 또마떼는 스페인 전역에서 많이 먹는 가정식 메뉴이며 까딸루냐 지방의 대표적인 음식이다. 까딸루냐 지방에서는 식당에서 메뉴와 함께 먹을 식사빵을 주문하면 당연하게 빤 꼰 또마떼가 나올 때가 많지만 다른 지역에서는 식당 메뉴로 아예 없는 곳도 있는데, 또 거의 모든 바와 카페에서는 아침 메뉴로 주문 가능한 점이 재밌다.

빤 꼰 또마떼와 카페 꼰 레체 한잔을 주문하면 3~4유로에 아침식사 해결 가능!

재료

TOMATE   PAN   ACEITE DE OLIVA   Ajo

: **완숙 토마토** 3-4개, **빵**(바게트, 깜빠뉴 등 구우면 표면이 거칠고 바삭해 지는 빵), **마늘** 2-3쪽, **올리브 오일, 소금, 설탕**

*다진 마늘 사용 가능, 취향껏 양 조절 가능
*잘 익은 완숙 토마토를 사용하는 게 가장 좋은데 여름을 제외하고는 구하기 쉽지 않다. 살짝 딱딱한 토마토를 구매했을 때는 상온에 2-3일 정도 두었다 사용하기.

*가장 선호하는 방식의 레시피

1 깨끗이 세척한 토마토를 1/2 혹은 1/4 등분한다.

2 대강 씨 제거하기.

3 강판에(치즈 그라인더 ok) 갈아준다.
즙을 내준다기보다는 살짝 덩어리지게.

4 3을 체에 걸러 수분을 제거해
준다(완벽히 제거 x).

5 4에 소금, 후추, 설탕 한 꼬집, 마늘(다진 마늘 1/2 티스푼), 올리브오일 1-2 티스푼을 넣고 섞어준다.

6 바삭하게 구운 빵 위에 올리고 올리브오일을 한 바퀴 슥 둘러서 먹는다. 치즈나 하몽을 곁들여 먹으면 더 좋다.

레시피 B

*좀 더 간단한 방법의 Pan con tomate(빵의 거칠어진 표면을 활용한 방법)

1 빵 표면을 아주 바삭하게 굽는다.

2 반으로 자른 마늘을 바삭한 빵 표면에 문질러준다.(마늘향과 맛 입히기)

3 반으로 자른 토마토를 그 위에 문지른다.

4 올리브오일을 슥 둘러서 먹는다.

Para llevar

7. 엠빠나다

✳밀가루 반죽을 넓게 펴고 고기나 채소를 넣어서 굽거나 튀기는, 우리나라의 만두와 비슷한 요리이다. 속에 넣는 재료나 크기는 다양하다. 여러 명이 함께 먹을 때는 피자처럼 크게 만들어서 잘라 먹기도 하고 보통 때에는 손바닥 크기로 만들어서 외출할 때 간식이나 간단한 식사 대용으로 포장해서 들고 나가기도 한다. 가방에 넣어도 크게 찌그러지거나 터질 염려가 적기 때문에 스페인 생활 동안 이동 거리가 긴 여행을 갈 때나 나들이 계획이 있을 때는 거의 항상 엠빠나다를 만들곤 했었다.

A 속 재료: **참치캔** 2개, **양파** 1개, **마늘** 1쪽, **당근** 1/2개, **토마토소스**(퓨레 혹은 토마토 파스타 소스) 2-3 스푼

B 반죽: **밀가루** 500g, **무염버터** 90g, **소금** 1스푼, **달걀** 1개, **물**

*당근은 생략 가능하지만 식감을 위해 넣는 것을 추천
*참치캔 대신 돼지고기, 닭고기, 소고기 전부 활용 가능
*반죽이 어려울 경우에는 피자도우용으로 판매하는 냉동 반죽을 구매해서 사용하면 간편하다.
(주로 인터넷에서 구매)

레 시 피

A. 속재료

1 재료 손질하기
-양파, 당근, 마늘은 전부 다져두기
-참치 기름 빼두기

2 팬에 오일을 두르고 다져놓은 재료(양파, 마늘, 당근)를 볶는다.

3 채소가 어느 정도 익었으면 참치, 토마토소스를 넣고 조금 더 볶다가 소금 후추를 넣는다.
*토마토 파스타 소스를 사용할 경우에는 소금을 적게 사용해도 됨

4 완성되었으면 한 김 식혀두기

B. 반죽

1 볼에 밀가루와 소금을 넣고 잘 섞어준다.

2 상온에 두어서 말랑해진 버터를 넣고 섞는다.

3 달걀, 물을 넣고 반죽한다.
*한 번에 많이 넣는 것보다는 반죽 상태를 보면서 물을 조금씩 추가하기

4 반죽이 완성 되었으면 밀대로 밀어서 넓게 펴준다.
*작은 엠빠나다를 만들 때는 접시나 동그란 틀로 반죽을 찍어서 잘라 내주기

A+B

1 반죽 안에 A 속 재료를 넣고 만두를 빚듯 모양을 만들어준다.

*반죽 끄트머리는 물결 모양을 내면서 접어 붙이거나 포크를 이용해서 눌러 붙여준다.

2 반죽 표면에 달걀물이나 오일을 바르고 오븐에 굽기. 190도에서 15-20분.

Tortilla DE Patatas

＊튀긴 감자를 넣고 두툼하게 구워낸 달걀요리이다.
감자 이외에도 취향에 따라 넣을 수 있는 재료가 다양한
편이고 가정에서는 물론, 바Bar나 식당에서 타파스나 핀초
로 흔하게 볼 수 있는 메뉴이다. 외출할 때 김밥이나 샌드
위치처럼 포장해서 나가기도 좋다.

재료

PATATA HUEVO

: **감자**(보통 크기 기준) 3-4개, **달걀** 3-4개

Tortilla de patata를 만들 때 가장 기본이 되는 재료.
*보통 가정식이 그러하듯 Tortilla de patata도 여러 가지 재료를 넣어서 만들 수 있는데, 주로 사용하는
재료는 감자, 주키니(애호박), 초리소, 양파, 시금치, 피망(파프리카), 치즈, 양송이버섯
*가장 좋아하는 조합은 감자, 주키니, 초리소

PATATA CALABACÍN CHORIZO QUESO CHAMPIÑON

CEBOLLA ESPINACA PIMIENTO

레시피

*레시피는 감자와 달걀만을 사용하는 가장 전통적인 방법을 기준으로 설명한다.

1 감자를 세척하고 껍질을 벗긴 뒤 작게 잘
라둔다.

2 감자 익히기

A: 작게 잘라둔 감자를 올리브오일을 충분히 두른 팬에 튀기듯 익힌다.+ 소금 후추

*양파나, 주키니, 버섯 등 다른 재료를 추가하려면 이 과정에서 재료를 각각 볶아둔다.(초리소 제외)

*양파, 피망, 주키니는 약간 흐물거릴 정도로 충분히 익히는 것이 포인트

B: 기름에 튀기듯 익힌 감자가 당연하게 더 맛있지만 너무 기름진 것을 피하고 싶을 때, 적당한 크기로
자른 감자를 물에 삶는다.(쪄도 ok)

팬에 A보다는 적은 양의 올리브오일을 두르고 어느 정도 익은 감자를 코팅하듯, 완전히 익힌다.

3 달걀을 풀고(소금 간) 먼저 익혀둔 감자를 넣고 잘 섞는다.
(이때 감자가 너무 부서지지 않게 주의. 어느 정도 덩어리가 남아있는 것이 좋다)

4 작은 팬에 올리브오일을 두르고 약한 불로 앞 뒤 모두 익힌다.
(큰 팬은 뒤집을 때 힘들기도 하고 Tortilla de patata는 어느 정도 두께감이 오동통하게 있는 편이 보기에 좋기 때문에 작은 팬을 사용하는 걸 추천한다)

～～～～～
뒤집는 방법
～～～～～

1 달걀이 어느 정도 익었을 때 팬 크기보다 큰 접시를 팬 위에 올린다. 접시를 손으로 받치고 한 번에 뒤집는다.

2 접시 위의 Tortilla de patata를 다시 팬으로 밀어 넣듯 뒤집는다.

*익힘의 정도는 취향껏 선택할 수 있는데 개인적으로는 살짝 반숙 상태가 식감이 부드러워서 좋다.
*소스 없이 먹는 게 일반적이지만 토마토소스나 알리올리소스랑 함께 먹어도 맛있다.

올리브 패키지 그리기

적합한 재료
~~~~~~~
선: 색연필, 연필, 컬러펜
채색: 수채화, 아크릴물감, 마카펜 등

① 가장 윗부분 병뚜껑부터 시작해서 병 모양 형태를 그려준다. 병뚜껑 부분은 살짝 위에서 본 시점으로, 병 몸통은 정면에서 본 시점으로 잡는다.

② 패키지 라벨 위치 잡아주기.

③ 라벨 안에 세로선을 반복해서 슥슥 그려 공간을 채워준다.

④ 녹색 계열 색으로 병 안쪽에 올리브 몇 개를 그려준다.

⑤ 앞서 그린 올리브와 같은 녹색 계열 색에서 톤이 다른 2-3가지 정도의 색으로 겹쳐서 올리브를 그려준다. 병 안쪽을 꽉 채우지 말고 빈 공간을 조금 남겨둔다.

⑥ 채색한 올리브 위로 선만 이용해 올리브 몇 개를 더 그려준다. 병뚜껑 부분도 터치감을 내서 명암을 준다.

⑦ 라벨에 글자 넣기.

    *패키지에 있는 글자는 메인 글자와 눈으로 보이는 부분까지는 형태가 보이도록 적고, 나머지 아래쪽에 있는 글자들은 대강의 느낌만 살려서 넣어 준다.

⑧ 앞서 그렸던 방법과 순서를 떠올리면서 작은 접시에 담긴 올리브 몇 개도 그려본다.

Croquetas de jamón

♀. 끄로께따스 데 하몽

✳거의 모든 가정식 요리가 그렇듯 끄로께따스(크로켓) 역시 레시피가 다양한데, croquetas de jamón은 으깬 감자 대신 베차멜 소스를 주로 활용한다. 그래서 식감이 아주 부드러운 편이고, 으깬 감자로 조리할 때와는 또 다른 맛을 느껴볼 수 있다.

재 료

: **밀가루, 양파** 1/2개, **고운빵가루, 달걀** 2개, **하몽** 100g, **올리브오일, 버터** 조금, **우유, 마늘** 1쪽이나 **마늘파우더, 소금, 후추**

*하몽은 프로슈토나 샌드위치용 햄으로 대체 가능
*버터 생략 가능

레 시 피 A

1 베차멜 소스를 숟가락을 사용해서 떠낸 다음 길쭉 동글하게 모양을 만든다.

2 1을 밀가루 - 달걀 - 빵가루 순으로 튀김옷을 입히고 기름에 튀긴다.
*속을 이미 한 번 익혔기 때문에 오래 튀기지 않아도 된다. 겉이 노릇해지면 ok

베차멜Bechamel 소스 만들기

1 오목한 프라이팬이나 냄비에 약불로 버터를 녹인 다음(올리브오일도 조금 넣는다) 작게 다진 양파, 다진 마늘을 넣고 볶는다.

2 양파가 어느 정도 익으면 하몽을 넣고 볶는다.

3 밀가루 한줌을 넣고 다른 재료랑 뭉쳐지면서 섞일 때 까지 잘 볶는다.

4 우유 한 컵을 2-3회에 걸쳐 나눠 넣으면서 질감이 걸쭉해질 때까지 저어준다. 소금, 후추를 넣는다.
(*질감 확인하면서 우유 양 조절하기)

5 반나절 정도 식혀두기

(*식으면 덩어리를 만들 수 있을 정도로 굳어진다)

레시피 B 소스 만들기

-재료

: **토마토** 1-2개, **마늘** 1-2쪽, **양파** 1/2, **소금**, **후추**, **바질**이나 **오레가노**(생략 가능)

-믹서기에 재료를 전부 넣고 갈아준다.

*물로 걸쭉하게 농도 맞춰주기

*토마토는 껍질 제거 후 조리하면 더 좋다.(가스빠초 레시피 참고 p.24)

BOMBA DE PATATA RELLENA

*기존의 크로켓보다 크기가 더 크고 동그란 게 특징이다. 베차멜 소스를 사용하지 않고 으깬 감자와 안에 다진 고기를 넣는데, 갓 튀겨 나온 봄바를 반으로 자르고 마요네즈와 약간 매콤한 소스를 곁들이면 맥주가 저절로 생각나는 맛!

재 료

: **감자** 1kg(4-6개), **마늘** 1-2쪽, **고운빵가루**, **달걀** 2개, **다진 돼지고기** 200g, **양파** 1/2개, **토마토소스**(토마토퓨레, 혹은 토마토 파스타 소스) 2-3스푼, **머스터드** 한 스푼, **오일, 소금, 후추**

레 시 피 A

1 세척한 감자를 삶고 껍질을 벗겨서 으깬다.
*머스터드 한 스푼, 소금, 후추 넣어서 섞기

2 팬에 오일을 살짝 두르고 다진 양파와 마늘을 볶는다.

3 2에 다진 돼지고기를 넣고 볶다가 토마토소스를 넣고, 졸아서 자작해질 때까지 더 볶는다. 소금, 후추로 간을 한다.

4 1에서 으깨두었던 감자를 손에 덜어 넓게 펼친다.

5 4의 감자 안에 볶아두었던 돼지고기를 넣고 동그랗게 모양을 만든다.

6 동그랗게 뭉친 감자를 달걀물 - 빵가루 순서로 튀김옷을 입힌다.
*스페인에서는 주로 고운빵가루를 사용하는데 한국에서는 이런 종류의 빵가루를 구하기 어려워서 시판되는 빵가루 중 가장 고운 종류를 사용하거나 더 작게 갈아서 사용한다.

7 6을 기름에 튀긴다.
*감자나 고기는 이미 익힌 거라 오래 튀기지 않아도 된다. 겉면이 노릇해질 정도면 ok

레시피 B 소스

1 끄로께따스 데 하몽Croquetas de jamón 레시피에서 만들었던 토마토 베이스 소스.
(Croquetas de jamón 레시피 참고 p.63)

2 알리올리 소스 혹은 마요네즈 + 브라바스 혹은 스리라차 조합도 ok.
(빠따따 브라바스 레시피 참고 p.39)

BOCADILLO

~~~~~~~~~~
11. 보까디요
~~~~~~~~~~

＊보까디요는 겉은 바삭하고 속은 촉촉한 바게트빵으로 만들어진 샌드위치.

＊보까디요는 넣는 재료에 따라 종류가 다양해서 가정은 물론 바Bar, 카페, 학생 식당, 일반 식당, 시장 등 어느 곳에 가도 볼 수 있을 정도이고, 보까디요만 전문으로 취급하는 식당도 있다. 넣고 싶은 재료를 고르고 철판에 지글지글 구워서 바로 만든 보까디요는 정말, 정말로 맛있다!

＊이 책에서는 개인적으로 가장 좋아하는 조합의 레시피를 소개해 보려고 한다.

재 료

: **바게트**(곡물 섞인 것도 ok), **닭고기**(가슴살이나 안심), **피망 혹은 파프리카** 1개, **달걀** 1-2개, **주키니** 1/5개(애호박 가능), **베이컨** 1줄, **올리브오일, 소금, 후추**

*레시피에 사용한 재료 외에 돼지고기(특히 안심), 가지, 토마토, 치즈, 초리소, 부띠파라Butifarra(까딸루냐 전통 생소시지) 등 다양한 재료를 사용해서 만들 수 있다.

레 시 피

1 재료 손질하기
-닭고기는 너무 두껍지 않게 저미기. 대략 5mm 내외로 2-3장
-피망은 큼직하게 자르기. 2-3장
-주키니는 동그랗게, 살짝 두께감 있게 자르기. 3-4장

2 팬에 올리브오일을 두르고 채소를 굽는다. 채소는 충분히 익히는 게 좋은데 특히 피망은 흐물거릴 정도로 푹 익히고 소금, 후추를 넣는다.

3 닭고기에 소금, 후추 간을 하고 베이컨과 함께 구워준다. + 달걀프라이(반숙 완숙 둘 다 ok)

4 바게트 사이에 준비해둔 닭고기, 채소, 달걀프라이, 베이컨을 넣고 손으로 살짝 눌러준 후 먹는다.

또 다른 종류의 간단 보까디요

1 바게트 사이에 또띠야 데 빠따따Tortilla de patata를 넣은 보까디요.

2 바게트 사이에 하몽과 얇게 썬 치즈를 넣은 보까디요.

맥주캔 패키지 그리기

적합한 재료

선: 색연필, 연필, 컬러펜
채색: 수채화, 아크릴물감, 마카펜 등

① 맥주 캔의 윗부분부터 조금 찌그러진 타원형으로 동그랗게 그려주고 캔 입구 부분을 그린다.(맥주 캔 윗부분은 조금 위에서 보는 시점)

② 캔의 몸통은 정면에서 보는 시점으로 채색한다.

③ 선으로 몸통 아랫부분 그려주기.

*예시 그림에서 먼저 형태를 파악하고, 로고나 글자가 들어갈 부분을 고려해서 부분별로 채색한다.

*선으로 마무리 할 예정이라 로고 부분 채색은 아주 깔끔하게 하지 않아도 ok)

④ 몸통과 로고 부분 채색, 묘사하고 몸통과 로고 부분 선으로 묘사하기.

⑤ 몸통과 로고 부분 글자 넣기.
*다른 패키지를 그릴 때도, 패키지에
서 메인이 되는 글자 외 글자가 작아
서 안 보이는 부분들은 전체적인 밸런
스를 맞춰서 생략하거나 아주 정확하
게 묘사하지 않아도 ok

⑥ 로고 아랫부분 묘사하기.
레몬 단면 표현을 위해 노란색으로 동
그랗게 그린 후 채색한다. 옆에 잎도
그려준다.

⑦ 흰색으로 레몬 단면을 묘사하고 그 위
로 글자를 넣는다.

⑧ 캔 위아래와 로고 부분의 음영을 표현
하고 마무리한다.

Carne y Marisco

TRES3 PINCHOS

✳핀초는 자른 바게트 위에 좋아하는 여러 가지 재료를 한 번에 올려두고 먹는 음식이다.

✳스페인에는 가정, 식당마다 정말 많은 종류의 핀초가 있다. 골목에 죽 늘어선 바를 옮겨 다니면서 그 집만의 시그니처 핀초를 다양하게 먹어보는 것도 추천할 만한 경험이다.

✳집에서 만들 때는 좋아하는 조합으로 재료를 자유롭게 선택하면 된다!

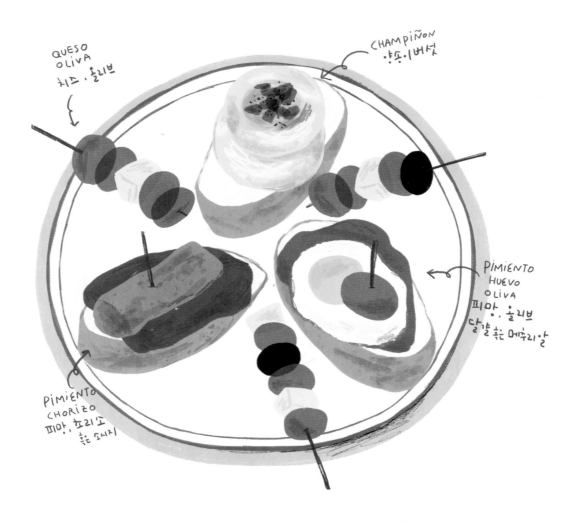

QUESO OLIVA 치즈 · 올리브

CHAMPIÑON 양송이버섯

PIMIENTO HUEVO OLIVA 피망 · 올리브 달걀 혹은 메추리알

PIMIENTO CHORIZO 피망, 초리소 혹은 소세지

PIMIENTO   CHAMPIÑON   CHORIZO

A. 피망 혹은 파프리카, 씨 제거한 올리브, 초리소(소시지로 대체 가능)

B. 달걀 또는 메추리알, 파프리카 혹은 피망, 하몽

C. 양송이버섯, 하몽 조금(베이컨 대체 가능)

+ 올리브오일, 소금, 후추

*초리소를 사용할 때는 보통의 초리소보다 좀 더 말랑하고 촉촉한 초리소를 사용한다.

레시피

1 재료 손질하기

-바게트를 적당한 두께로 잘라서 토스트 한다.

-자른 바게트 크기에 맞춰서 재료를 자른다.(피망, 초리소)

-양송이버섯은 키친타월로 잔여물을 닦고 꼭지를 따서 둔다.

2 프라이팬에 올리브오일을 두르고 재료를 충분히 익힌다. 소금 후추.

*올리브오일에 마늘을 넣고 마늘 기름을 낸 후 조리하는 것도 추천

*피망은 부분부분 노릇해지고 흐물거릴 정도로 익힌다.

*양송이버섯도 부분부분 노릇해지고 흐물거릴 정도로 익힌다.

*메추리알 반숙으로 프라이(달걀도 가능하지만 메추리알 크기가 빵 위에 예쁘게 올라간다.)

*초리소 혹은 소시지도 익혀주기

3 조리한 재료들을 빵 위에 차례로 올리고 나무꼬치로 고정해준다.

레시피 외 개인적으로 좋아하는 추천 조합

-애호박 + 크림치즈 + 훈제 연어
-토마토 + 하몽 + 치즈
-양유치즈 + 앤초비 + 올리브

Pulpo
a la gallega

＊삶은 감자 위에 삶은 문어다리를 올리고 소금, 올리브오일, 훈제 파프리카 가루(듬뿍)을 뿌려서 먹는 요리. 매우 간단하고 단순한 조리에 비해 훌륭한 비주얼과 맛을 보장한다.

재료

: **문어다리** 1-2개, **감자** 2-3개, **올리브오일, 파프리카 가루, 소금**

*문어다리는 대형마트에서 숙회로 판매하는데 소량으로 구입 가능하다. 저녁 세일 시간에 가면 저렴하게 구입할 수도 있다.

레시피

1 재료 손질하기
-**감자**: 세척 후 껍질 벗겨서 납작하게 자르기.
-**문어**: 숙회 상태 그대로 납작하게 자르기.

2 감자 익히기
*삶거나 찜 어느 것도 ok

3 접시에 익힌 감자를 먼저 깔고 그 위에 문어를 올린다.

4 소금으로 간을 맞추고 파프리카 가루, 올리브오일을 넉넉하게 두른다.

*맥주나 화이트와인과 맛있게 먹기

와인잔, 와인병 패키지 그리기

적합한 재료

선: 색연필, 연필, 컬러펜
채색: 수채화, 아크릴물감, 마카펜 등

와인잔 그리기

① 윗부분 입구부터 그리기 시작한다. 입구는 두께감을 표현하기 위해 선 두 개로 표현하고 몸통은 중간 부분이 둥글고 아래로 갈수록 좁아지게 그린다.

② 다리 부분 그리기.

③ 그려둔 와인잔 안으로 와인 채색하기. 채색했던 색보다 어두운 색으로 터치감을 내며 묘사하고, 크고 작은 물방울도 몇 개 그려준다.

와인병 패키지 그리기

① 병 윗부분부터 그리기 시작해서 몸통 부분으로 내려온다.
*맥주병 패키지 그리기(p.42)에서 실습했던 내용을 참고해서, 병의 비율을 생각하면서 드로잉 한다.

② 라벨 부분 위치 잡아주기.

③ 부분별로 나누어 채색한다.(전체를 꽉 채워 채색하지 않아도 ok)

④ 사용한 노란색보다 어두운 색으로 터치감을 내서 묘사하고 크고 작은 물방울도 몇 개 그려준다.

⑤ 라벨에 글자를 넣고 묘사한다.

Salsa Verde

＊살사베르데는 주로 굽거나 삶은 해산물에 곁들여 먹는 소
스이다.
이미 구워진 해산물에 끼얹어 먹거나 조리 단계에서 해산
물과 함께 만들기도 한다. 올리브오일과 파슬리, 마늘이 우
리에겐 익숙하지 않은 조합의 소스지만 단순한 재료로 특별
하고 새로운 맛을 낼 수 있다.

Acelte de oliva

Diente de ajo

ACEITE DE OLIVA VIRGEN EXTRA EXTRACCIÓN EN FRIO

Rerejil

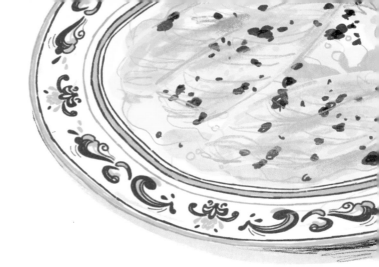

재 료

: **생파슬리** 3-4줄기, **올리브오일**, **마늘** 3-5쪽, **양파** 1/2개, **소금, 후추** + **화이트 와인** 한 컵

레 시 피 A

1 생 파슬리를 흐르는 물에 세척한다.

2 믹서에 올리브오일 200ml, 마늘 3-5쪽, 파슬리(줄기는 제거),
소금, 후추를 넣고 간다.
*파슬리나 마늘의 덩어리가 완전히 곱게 갈리는 것보다는 다진 것
처럼 작게 덩어리가 있는 편이 좋다.

3 해산물(오징어, 흰살 생선, 새우, 홍합 등)을 구워서 살사베르
데Salsa verde 끼얹어 먹기

레시피 B

*생선을 익히면서 동시에 만드는 방법.
*생선은 주로 대구 같은 흰살 생선을 사용한다.

1 마늘, 양파, 파슬리(줄기 제거) 잘게 다져둔다.

2 팬에 올리브오일을 넉넉히 두르고 1을 넣고 약불에서 기름을 내준다.

3 손질한 생선(대구)를 넣고 익힌다. 소금 후추.

4 생선 한 면이 어느 정도 익을 때쯤(익는 시간이 빠른 편) 화이트 와인을 한 컵 넣어준다.

5 생선을 뒤집을 때쯤 다져둔 파슬리를 넣는다.

6 남은 화이트 와인과 함께 먹기.

Gambas al ajillo

＊충분한 양의 올리브오일을 프라이팬에 두르고 페페론치노와 마늘 잔뜩, 새우를 넣고 올리브오일이 지글지글 끓을 정도로 뜨겁게 조리하는, 우리나라에서 너무나 유명한 스페인 음식이다. 마늘과 새우 맛이 우러난 오일에 빵을 찍어먹는 것이 포인트!

: **새우** 중간 크기 10-13개, **마늘** 7-9쪽, **페페론치노** 3-5개, **올리브오일**, **소금**, **후추**, 함께 먹을 **빵**(바게트류 식사 빵), **고수** 혹은 **생파슬리**(생략 가능)

*보통 페페론치노를 사용하지만 청양고추로 대체 가능
*전통적인 레시피에는 고수나 생파슬리가 들어가지 않지만 고수를 좋아하면 시도해 보는 것을 추천

레시피

1 재료 손질하기

-새우: 흐르는 물에 깨끗이 세척하고 머리와 껍질을 제거해준다.

*새우 껍질은 그대로 조리 가능하고 먹을 때 벗겨도 ok.

*손 다치지 않게 조심!

-마늘: 마늘은 슬라이스 해주어도 좋고 취향에 따라 통으로 넣어도 ok.

2 작은 사이즈의 팬에 올리브오일을 넉넉하게 둘러준다.(마늘이나 새우가 어느 정도 잠길 수 있을 만큼)

*약-중불로 조리

3 슬라이스 한 마늘, 페페론치노를 넣고 기름내기.

*페페론치노를 부셔서 넣으면 더 매콤한 맛을 낼 수 있다.

4 마늘이 노릇한 빛을 띠면 따로 건져두고 손질한 새우를 넣는다.
*새우는 앞뒤로 뒤집어 준다.

5 새우가 어느 정도 익었으면 꺼내두었던 마늘을 넣고 소금 후추로 간 맞추기.

6 새우가 완전히 익으면 불을 끄고 마지막으로 고수(생파슬리) 올리기.(생략 가능)

7 빵과 함께 먹는다.

*중간에 마늘을 따로 건져두어야 하는 단계가 번거롭다면 처음부터 마늘, 페페론치노, 새우를 한번에 넣고 약-중불로 조리해도 ok.

PAELLA VALENCIANA

＊발렌시아 지역의 대표적인 빠에야로, 일반적으로 많이 알려진 해산물 빠에야와 다르게 주재료로 깍지콩과 고기가 들어간다.

여러 가지 고기를 섞어서 넣기도 하는데 빠에야 발렌시아나는 토끼고기가 들어가는 게 특징이다. 해산물 빠에야보다는 조금 더 묵직한 맛.

재료

CARNE
ARROZ
AJO
CEBOLLA
PIMIENTO

: 돼지고기, 닭고기, 피망 혹은 파프리카, 그린빈, 양파 1개, 토마토 1/2개 혹은 가공 토마토(홀, 퓨레 어느 것도 ok), 레몬, 마늘 3-4쪽, 쌀 1-1.5컵, 샤프란, 월계수잎 1-2장, 소금, 올리브오일, 물(고기 육수)

*Paella Valenciana의 전통적인 레시피에는 돼지고기와 토끼고기 등 여러 가지 고기가 들어가는데 한국에서는 토끼고기를 구하기 어렵기 때문에 닭고기로 대체해서 사용한다.
*샤프란은 빠에야Paella의 노란 색깔을 내는 용도로 사용하는데, 샤프란 대신 큐민가루 약간으로 대체 가능하다.
*그린빈, 월계수잎, 레몬은 생략 가능

1 재료 손질하기
-양파는 작게
-데코용으로 사용할 피망은 얇고 길쭉하게
-그린빈은 피망이랑 비슷한 크기로
-토마토를 사용할 때 토마토는 다져두기
-마늘은 슬라이스

2 넓은 팬에 올리브오일을 넉넉하게 두르고 마늘 기름을 내준다.

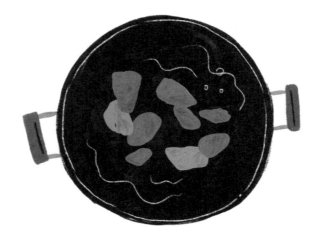

3 2에 고기를 넣고 앞뒤로 굽는다.(소금, 후추)

4 고기가 어느 정도 익으면 꺼내놓고, 손질해준 채소를 넣어서 볶는다.(데코용으로 잘라둔 피망이나 그린빈을 처음에 넣고 모양이 유지될 정도로만 볶고 꺼낸다.)

5 채소가 익었을 때 쯤 쌀과 고기를 넣고 볶는다.(레몬(1/2)즙과 토마토 혹은 캔 토마토, 샤프란 넣기)
*캔 토마토를 사용할 때는 2스푼 정도
*샤프란(큐민가루 약간으로 대체 가능)은 노란빛이 나올 정도만 사용한다.

6️⃣ 육수 또는 물을 쌀이 충분히 잠길 정도로 넣고 뚜껑을 닫는다. 약불로 15-20분. 소금으로 간을 한다.

7️⃣ 쌀이 거의 익으면 4에서 미리 꺼내두었던 데코용 채소로 모양을 낸다.

무늬가 있는 접시 그리기1

적합한 재료

선: 색연필, 연필, 컬러펜
채색: 수채화, 아크릴물감, 마카펜 등

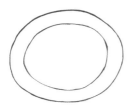

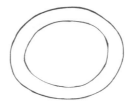

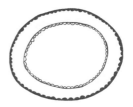

① 두께감 있는 선으로 타원형의 접시 외곽을 그려준다. 안쪽으로 동그란 선 하나 더.
반듯한 원형이 아니어도 되고 일정한 두께의 선을 그리지 않아도 괜찮으니 힘을 풀고 그려보자. 오히려 일부러 조금 형태감을 찌그러트리거나 선을 부분부분 거칠게 사용하기도 한다.

접시 안쪽으로 터치감 내주기. 앞서 채소 그리기 파트에서 했듯이, 연필이나 색연필을 조금 뉘어서 그어주면 재료의 질감이 넓게 그려진다.

② 1에서 그려두었던 선 안쪽으로 볼록볼록한 모양을 그려 채색해주기.

③ 무늬의 기본 형태를 먼저 연습해보고 접시에 무늬를 반복해서 그린다.

④ 앞서 그렸던 것처럼 무늬의 기본 형태를 먼저 연습해 보고 제일 먼저 가운데 위치한 가장 큰 꽃부터 그려 넣는다.

⑤ 양쪽으로 그 다음 큰 줄기와 잎 무늬를 그린다.

⑥ 나머지 작은 무늬를 그려서 완성.

Bacalao al ajoarriero

17. 바깔라오 알 아호아리에로

＊염장 대구를 하루 이틀 동안 물에 담가 짠기를 빼고 감자, 양송이버섯, 달걀, 마늘과 함께 조리하는 생선 요리이다.

＊전통적인 레시피에는 토마토가 들어가서 토마토소스가 베이스가 되는데 이 책에서 소개하는 레시피는 토마토소스가 들어가지 않는 레시피이다. 처음 이 음식을 만들어주고 레시피를 알려준 사람이 아라곤ARAGON 지역 우에스카Huesca 출신의 하우스메이트였으므로 아마도 아라곤 지역 혹은 하우스메이트 가족의 가정식 레시피였으리라 예상한다.

재 료

: **대구**(혹은 비슷한 식감의 흰살 생선), **감자** 1-2개, **양송이버섯** 6-8개, **달걀** 2개, **마늘** 5-7쪽, **올리브오일**, **소금**, **후추**

*일반적인 Bacalao al ajoarriero 레시피에서는 염장 대구를 하루 종일 물에 담가 염분을 빼고 사용하는데 개인적으로는 염장하지 않은 생 대구 사용을 선호한다.
*생선 양은 살만 발라냈을 때 사용하는 감자의 양과 비슷하면 ok.
*뼈가 미리 제거된 냉동 대구 사용도 ok.

레 시 피

1 재료 손질하기
-감자와 양송이버섯은 손가락 한마디 크기 정도의 적당한 크기로 잘라둔다.
-마늘은 슬라이스(마늘 양은 취향에 따라
조절 가능하지만 빠지면 안 된다.)

2 팬에 올리브오일을 넉넉히 두르고 재료 각각을 튀기듯 익힌다.(취향에 따라 오일양 조절 가능)
*감자와 마늘 - 양송이버섯 순서로 각각 익힌 뒤 접시에 덜어두기. 소금, 후추.

3 달걀을 풀고 스크램블 에그처럼 만들어서 덜어둔다.

4 팬에 오일을 넉넉히 두르고 대구를 노릇하게 익힌다.

*마지막에 다른 재료들과 섞을 거라 모양이 부서져도 괜찮다.

5 익혀두었던 모든 재료를 섞으면서 한 번 더 볶아주고 소금, 후추로 간을 맞춘다.

*대구도 적당한 크기로 잘라서 섞는다.

Fideuá

18. 피데우아

＊까딸루냐와 발렌시아 지역의 전통 요리이다. 빠에야
와 조리법은 거의 비슷하고 해산물이 들어간 것이 기본이다.
＊쌀을 짧은 파스타면으로 대체하는 게 빠에야와 다른
점이다.
＊책에서 빠에야는 고기, 피데우아는 해산물을 메인으로 레
시피를 구성했지만 두 레시피는 교차가 가능하다.

MEJILLONES · LIMÓN · GAMBA

재료

: 파스타면, **피망** 또는 **파프리카** 1-2개, **양파** 1개, **마늘** 2-3쪽, **레몬, 해산물**(홍합, 새우, 오징어 등), **토마토** 1/2-1개 또는 **캔 토마토**(가공 토마토) 2-3스푼, **소금, 후추, 올리브오일**

*주로 사용하는 해산물은 홍합, 새우인데 상황에 따라 오징어를 추가로 넣기도 한다.

*해산물을 메인으로 피데우아를 만들 때는 홍합과 새우가 충분히 역할을 하기 때문에 따로 데코용 채소를 만들어두지 않아도 된다.

*피데우아의 기본 재료는 2-3cm 정도의 짧은 파스타면인데 한국에서는 이 면을 구하기 어렵기 때문에 일반적인 파스타면을 잘라서 사용한다.

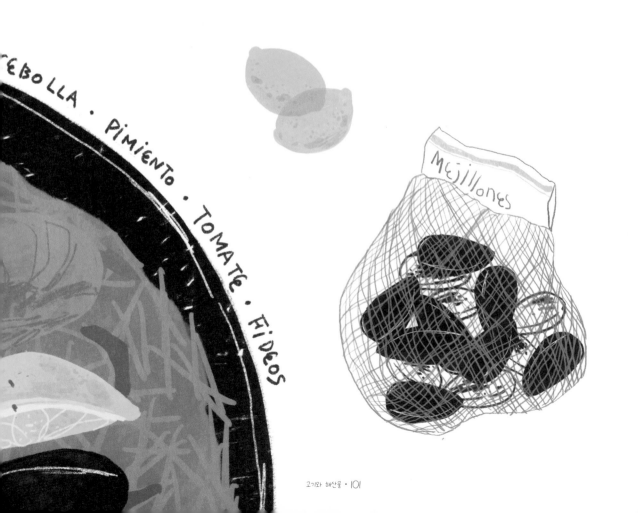

레 시 피

1 재료 손질하기
-해산물(홍합, 새우, 오징어) 세척하기.
*홍합은 마트에서 깨끗하게 손질해 판매하는 것을 구매하는 걸 추천한다. 손질하지 않은 홍합은 껍질 표면에 지저분하게 붙어 있는 것이 많아서 세척이 힘들다.
-피망, 양파 적당한 크기로 자르기.
-마늘, 토마토 다져두기.
-2인분 분량의 파스타면 적당한 크기(2-3cm 정도)로 자르기.

2 새우와 홍합을 삶아서 건져둔다.(오징어는 살짝 데치기)
*새우랑 홍합 삶은 물은 육수로 활용할 예정

3 넓은 팬에 올리브오일을 두르고 채소를 충분히 볶는다.
*볶는 순서: 마늘 - 양파, 피망

4️⃣ 3에 잘라둔 파스타면을 넣고 조금 볶아준 다음 새우와 홍합 삶은 육수를 재료가 충분히 잠길 정도로 부어준다. 소금으로 간을 하고 뚜껑 덮고 익히기 8-9분.

5️⃣ 면이 어느 정도 익었으면 2에서 건져두었던 해산물로 모양을 내주고 뚜껑을 덮고 조금 더 익힌다.
*완성된 다음 세로로 자른 레몬을 추가로 장식해줘도 좋다.
*레몬은 먹기 전에 즙으로 뿌리기

해산물과 피데우아 그리기

적합한 재료

선: 색연필, 연필, 컬러펜
채색: 수채화, 아크릴물감, 마카펜 등

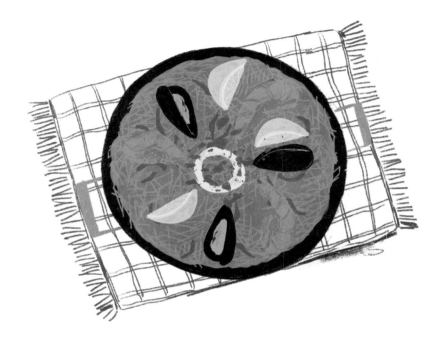

해산물 그리기

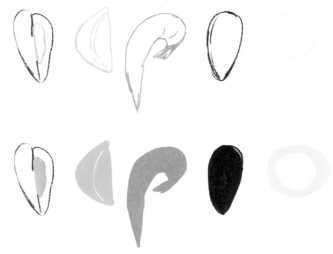

① 홍합, 레몬, 새우, 오징어를 각 특성에 맞는 색을 선택해서 선으로 먼저 형태를 잡고 채색한다.

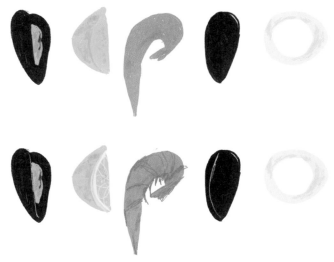

② 사용한 색보다 진한 색으로 각각 터치감을 더하고 선으로 특징적인 부분들을 묘사한다.

   *레몬 단면 표현, 새우 껍질과 다리, 꼬리 표현

피데우아 그리기

① 해산물 그리기에서 그렸던 방법과 순서를 떠올리면서 레몬과, 홍합, 새우를 둥글게 배치해서 그려주고 각각 같은 색으로 채색한다. 중앙에는 오징어링.

② 그려둔 해산물 주변으로 둥글게 형태를 잡아 피데우아 바탕 채색하기.

③ 바탕 채색한 색보다 밝은 색으로 피데우아 면을 표현한다. 한 가닥 한 가닥 시간을 들여서 불규칙한 방향으로 그려준다.

④ 피데우아 면 위에 빨간색으로 피망 그리기.

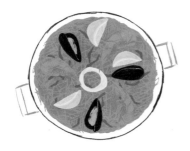 

⑤ 검정색으로 프라이팬 형태를 잡고 회색으로 손잡이를 그리고 채색하기.

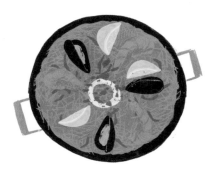

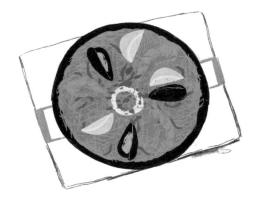

⑥ 피데우아 위에 파슬리 그리기. 다양한 크기로 크고 작게 불규칙하게 그려준다.

⑦ 프라이팬 아래에 매트 그리기. 직사각형 모양으로 형태를 잡아준 다음 두께감을 표현해준다. 선을 한번에 그리지 않아도 괜찮으니 천천히 이어서 그리기.

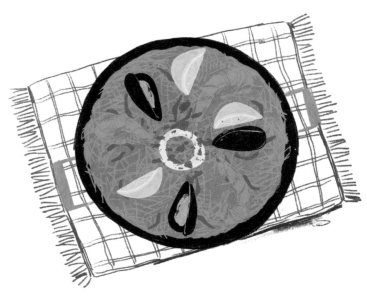

⑧ 가로 세로 선을 반복해 체크무늬를 만들어주고 매트 양 끝에 수술을 그려서 마무리한다.

19. 깔라마레스 프리또스

＊우리나라와 스페인 오징어는 종류가 달라서 식감의 차이가 있지만(우리나라 오징어는 탱탱하고 쫀득한 식감인데, 스페인에서 보통 튀김으로 사용하는 오징어는 씹는 느낌이 별로 나지 않을 정도로 부드러움) 겉모양으로는 우리에게 친숙한 오징어 튀김이다. 하지만 우리가 평소에 오징어 튀김과 함께하는 간장도 떡볶이 국물도 아닌 레몬즙을 뿌려 먹는 것, 그리고 맛있는 바게트 사이에 밀가루만 살짝 묻혀내 튀긴 깔라마레스 프리또스Calamares fritos를 넣고 보까디요 데 깔라마르를 만들어 먹는 것 만으로도 색다른 기분을 낼 수 있다.

재 료

: **오징어, 튀김가루 혹은 밀가루, 레몬, 소금, 식물성오일**

레 시 피

1 오징어 깨끗이 세척, 손질하기.
*몸통 다리 분리, 내장, 뼈, 껍질 제거

2 오징어 다리는 적당한 크기로, 몸통은 동그란 모양이 나오도록 썰기.

3 소금으로 밑간을 해두고 튀김가루 묻히기.

4 식물성오일에 튀기기.
*튀기기 전에 불필요하게 많이 붙은 튀김가루는 살짝 털어내고 기름에 넣기.

5 레몬즙을 살짝 뿌려서 먹는다.

Bocadillo de Calamar 보까디요 데 깔라마르

*보까디요 데 깔라마르를 메인으로 판매하는 식당들도 있는데 막 튀겨낸 깔라마레스 프리또스 Calamres Fritos도 맛있지만 보까디요로 만들어 먹는 Calamres Fritos는 또 다른 맛으로 훌륭하다. 이 단순한 조합을 잊지 못해 항상 그리워하는 스페인 음식 중 하나.

-레시피
: 반으로 가른 바게트에 깔라마레스 프리또스Calamres Fritos를 넣고 소스를 뿌려서 먹는다.

*알리올리Ali-Oli 소스 혹은 마요네즈 + 브라바스 혹은 스리라차 소스 조합도 ok.
(빠따따 브라바스Patata Bravas 레시피 참고 p.39)

Bocadillo de calamares

맥주잔, 깔라마레스 프리또스 그리기

~~~~~~
맥주잔 그리기
~~~~~~

① 컵의 입구 부분부터 형태를 잡는다. 아래에서 ⅓ 부분이 밖으로 더 넓어지는 모양.
*입구 뒷부분은 그리지 않는다.

② 컵 모양을 참고해서 안쪽에 맥주 그리고 채색하기.

③ 채색한 맥주 윗 부분에 연한 노란색으로 거품 부분 밑바탕 칠하기.

④ 맥주를 채색했던 노랑보다 어두운 색으로 터치감 내서 묘사하고 크고 작은 물방울 도 몇개 그려준다. 거품 부분은 흰색으로 거친 질감을 내면서 묘사해준다.
*연필이나 색연필을 조금 뉘어서 그어주면 재료의 질감이 넓게 그려짐.

⑤ 컵의 윗부분부터 위치 잡고 글자 넣기.

깔라마레스 프리또스 그리기

① 레몬을 그릴 자리를 생각하면서 타원형 모양의 접시와 맥주잔 형태를 그린다. 노란색으로 잘라진 형태의 레몬 그리기.
*접시는 선이 너무 진하지 않게 그리기

② 레몬을 채색 - 레몬 껍질과 단면에 크고 작은 점을 찍어 울퉁불퉁한 껍질을 표현 - 흰색으로 레몬 단면 형태를 그려준다.

③ 접시 위 왼쪽부터 하나의 Calamares Fritos를 그려준다.

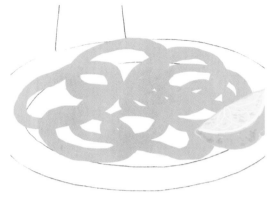

④ 그려둔 것을 기준삼아 여러 개의 Calamares Fritos를 겹쳐서
  그리고 채색한다.
  *모양이나 크기를 조금씩 다르게

⑤ Calamares Fritos의 겹쳐진 부분 경계를 표시해주고(너무 진
  하지 않게 살짝) 터치감줘서 표면 묘사하기.

⑥ 색연필같은 거친 느낌이나는 재료로 슥슥 묘사하고 Calamares
  Fritos 겹친 경계를 부분부분 좀더 진하게 그려준다.

⑦ 앞서 그려본 맥주잔 그리기의 방법과 순서를 떠올려가면서 맥주잔과 맥주, 맥주거품을 그려준다.

⑧ 그려둔 접시 테두리를 따라 두께감 있는 선으로 무늬를 그려주고 그려둔 Calamares Fritos와 레몬을 피해 접시에도 명암을 넣어
준다.

20. 뽀요 알 칠린드론

*닭고기와 채소를 토마토소스 베이스로 조리한 아라곤Arag
òn 지방의 대표적인 음식이다.
보통은 빵이랑 함께 먹지만 파스타면이나 밥이랑도 어울
리는 편이라 가끔은 밥에 곁들여서 먹기도 하고, 하루쯤 지
난 먹고 남은 뽀요 알 칠린드론에 면을 넣어 파스타로 마무
리를 하기도 한다.

닭고기(닭볶음탕용으로 손질되어 있는 것), 완숙토마토 3-4개 혹은 가공 토마토 1통, 토마토 파스타 소스 100ml(생략 가능), 피망 혹은 파프리카 2개, 양파 큰 것 1개, 마늘 4-5쪽, 월계수잎 2장, 화이트와인 한 컵 250ml, 올리브오일 조금, 소금, 후추 + 하몽 조금

레시피

1 재료 세척, 손질하기

-채소는 흐르는 물에 깨끗이 세척한다.

-피망, 양파는 세척 후 적당한 크기로 잘라준다.(길쭉한 모양으로 너무 크지 않게)

-토마토는 작게 자른다.(가공 토마토 사용 가능)

-마늘은 슬라이스 해두기.

2 프라이팬에 올리브오일을 두르고 약불에서 마늘 기름을 내준다.

3 마늘은 건져두고 손질한 닭을 앞뒤로 구워준다. 완전히 익히지 않아도 된다.

*기름이 많이 튀니까 조심!

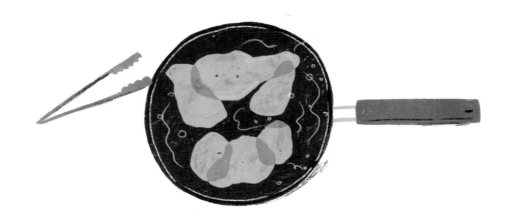

4 닭고기 겉면이 어느 정도 익으면 꺼내두고 피망과 양파를 볶는다.(올리브오일이 부족하면 추가)
*닭을 굽고 눌러 붙어 탄 부분은 제거하고 채소를 볶는다.

5 냄비에 볶은 채소와 익힌 닭고기, 토마토, 월계수잎, 화이트 와인 한 컵, 소금 간을 해주고 10-20분
정도 끓인다.
*토마토 파스타 소스 100ml 추가(생략 가능)
*닭이 완전히 익고 토마토소스가 자작해질 때까지 졸인다.

6 마지막쯤 하몽을 넣고 조금 더 끓여준다.(생략 가능 하지만 넣는 것을 추천)

Sopa de soja
con chorizo

~~~~~~~~~~~~~~~~~~~~~~~~~~~~
21. 소빠 데 소하 꼰 초리소
~~~~~~~~~~~~~~~~~~~~~~~~~~~~

＊콩과 초리소를 넣어 만든 스프

＊콩은 보통 렌틸콩, 병아리콩, Alubia라는 강낭콩 종류의 콩을 주로 사용한다.

＊사용하는 콩 종류에 따라서 맛이 조금씩 다르고 초리소가 있고 없고에 따라서도 맛이 확연히 달라지는데 이 책에서는 가장 좋아하는 조합인 렌틸콩과 초리소를 함께 넣는 레시피를 소개할 예정이다.

재 료

: 렌틸콩 300g, **초리소**, 감자 큰 것 2개, **당근** 1-2개, **양파** 1개, **마늘** 2-3쪽, **육수** 또는 **물**, 소금, 후추, 올리브오일

*렌틸콩 대신 병아리콩이나 흰강낭콩을 사용할 경우: 병아리콩은 단단하고 익는 시간이 오래 걸리기 때문에 조리하기 전 미리 반나절 정도 물에 불려놓는 것이 좋다. 강낭콩도 조리 전에 최소 3-4시간 정도 물에 불려둔다. 렌틸콩은 1-2시간 정도.

*육수는 고기 육수나 치킨 스톡 사용

*초리소를 넣지 않고 만들면 상대적으로 맑고 담백한 느낌의 스프가 된다. 이 경우에는 육수보다 물을 사용하고, 채소로 맛을 내는 것을 추천한다.

레시피

1 재료 손질하기

-감자, 당근은 뭉텅뭉텅 큼지막하게 자르기.

-양파는 감자나 당근보다 작은 크기로 자른다.

-마늘은 칼 손잡이나 칼등으로 으깨서 다진다.(다진 마늘 사용 ok)

-초리소는 원하는 크기로 자른다.

2 냄비에 올리브오일을 살짝 두른 뒤 마늘을 넣고 마늘 기름을 낸다.

3 채소(감자, 당근, 양파)를 넣고 5분 정도 볶아준다.

4 불려둔 렌틸콩을 넣고 잠시 볶은 후, 물 또는 육수를 붓고 콩이 충분히 익을 때까지 끓인다.
*20분 정도만 끓여도 렌틸콩은 거의 익어서 먹을 수 있지만 개인적으로 콩이 푹 익어서 살짝 걸쭉해지고 진한 맛이 나는 걸 좋아하기 때문에 중간에 물이 어느 정도 졸아들면 한 컵 분량의 물을 추가하고 계속 끓이기를 두 번 정도 반복한다.
*병아리 콩이나 강낭콩은 렌틸콩보다 10-15분 정도 더 끓여야 익는다.

5 콩과 채소가 완전히 익었으면 잘라둔 초리소를 넣고 5-10분 정도 더 끓인다.

Postre y Bebida

TORRIJAS

＊사둔지 며칠 지나서 딱딱해진 빵을 활용할 수 있는 음식이다. 프렌치 토스트와 비슷해 보이기도 하는데 딱딱해져서 먹을 수 없었던 빵에 우유를 잔뜩 머금게 해 달걀물 입히고 노릇하게 구워, 시나몬가루와 설탕을 뿌리면 촉촉하고 달달한 디저트로 재탄생!

CANELA

LECHE FRESCA
Mantener en frio
SEMIDESNATADA

TORRIJA

PAN DEL DÍA ANTERIOR
LECHE
AZÚCAR
HUEVO
CANELA EN POLVO

재료

: **빵**(바게트), **달걀**, **우유**, **설탕 혹은 꿀**, **시나몬가루**, **시나몬스틱**, **레몬이나 오렌지 껍질** 조금(생략 가능)

레시피

1 냄비에 우유를 넣고(준비된 빵이 잠길 정도의 양) 시나몬스틱, 설탕 2스푼, 필링한 오렌지 껍질이나 레몬 껍질을 넣고 설탕이 녹을 정도로 따뜻하게 끓인다.

*레몬이나 오렌지 껍질을 넣을 때 세
척법은 상그리아 레시피 참고 p.141

*설탕은 취향껏 조절 가능

2 딱딱해진 빵을 자르고 볼에 담아 1에서 끓인 우유를 붓는다. 빵에 우유가 충분히 흡수될 때까지 기다린다.(짧으면 한두 시간, 길면 반나절 이상 두기도 한다.)

3 달걀을 풀고 우유가 흡수된 빵에 달걀물을 묻힌다.

4 팬에 올리브오일(식물성오일)을 넉넉히 두르고 3을 굽는다.

5 앞뒤로 노릇하게 구워졌으면 접시에 옮기고 시나몬가루를 섞은 설탕을 뿌린다.
*설탕 대신 꿀도 ok.

무늬가 있는 접시 그리기2

적합한 재료

선: 색연필, 연필, 컬러펜
채색: 수채화, 아크릴물감, 마카펜 등

*접시에 들어갈 무늬의 기본 형태, 노랑, 파랑색을 사용해 기본 형태 무늬를 여러 번 미리 연습한다.

① 이번에는 선 없이 채색으로 먼저 형태를 잡고 그 위에 무늬를 그리는 순서로 진행한다. 먼저 연한 노란색과 베이지색으로 타원형의 접시를 그려준다. 밝은 회색으로 접시 아랫부분에 명암도 넣어준다. 모든 부분을 꼼꼼하게 채색하지 않아도 되고 접시 형태만 보이면 ok.

② 접시에 선으로 무늬를 넣을 때 사용할 세 가지 색

③ 먼저 노란색 두꺼운 선을 접시 형태를 따라 그려준다.

④ 노란 선을 그릴 때보다 좀 더 얇은 두께의 선으로 나머지(주황, 파랑) 선을 차례로 그린다. 한번에 긋지 않아도 괜찮으니 제일 처음 그렸던 노란 선을 기준으로 천천히 이어서 그려준다.

⑤ 앞서 연습해봤던 기본 형태 무늬를 떠올리면서 접시 형태에 맞게 둥글게 둘러서 넣어준다.

⑥ 나머지 공간에 반복해서 그리고 아랫부분에 그림자 넣어주기.

23. 추로스 꼰 초콜라떼

Churros con chocolate

*추로스는 반죽을 길쭉하게 튀겨내 설탕이나 초콜릿 등을 묻혀서 먹는 스페인의 대표적인 음식이다. 아침식사로 먹기도 해서 카페에서도 쉽게 찾아 볼 수 있다. 별모양 원통형으로 길게 튀겨내 시나몬 섞인 설탕을 잔뜩 묻힌 게 가장 유명하지만, 이 외에도 다양한 종류와 형태가 있다. 그리고 추로스는 사실 생각보다 만들기 어렵지 않아서 집에 손님이 왔을 때 내놓기에 매우 그럴 듯해 보이는 디저트.

재료

: 밀가루 중력분 200ml, 올리브오일(식물성오일)
2-3스푼 혹은 버터, 설탕, 소금, 시나몬가루, 우유,
다크초콜릿, 물

CHURROS
CON CHOCOLATE

HARINA DE TRIGO
ACEITE DE OLIVA
AZÚCAR
CHOCOLATE NEGRO

레시피

1 냄비에 물 350ml, 올리브오일 2-3스푼, 소금, 설탕 한 꼬집을 넣고 끓이면서 잘 녹여준다.

2 물이 끓으면 불을 끄고 밀가루를 넣고 저으면서 반죽해준다.
*밀가루는 체에 한 번 거르면 더 좋다.
*달걀 1-2개를 추가해서 반죽하면 좀 더 부드럽다.

3 짤주머니에 한 김 식힌 반죽을 넣고 모양을 만들면서 짜준다.
*반죽이 무르지 않기 때문에 짤주머니는 단단한 것을 사용하는 것이 좋음

4 올리브오일 혹은 식물성오일에 노릇해 질 때까지 튀겨준다.
*오븐 사용도 가능한데 오븐을 사용할 때는 오일 스프레이나 요리용 브러시로 반죽 표면에 오일 코팅 해주기

다크초콜릿과 따뜻한 우유를 섞어 만든
●CHOCOLATE A LA TAZA●

A. 초콜라떼와 함께 먹기

다크초콜릿 1: 따뜻하게 데운 우유 1 비율로 걸쭉하게 섞어준다. + 추로스 찍어먹기.

B. 설탕과 시나몬가루

시나몬가루를 섞은 백설탕에 튀긴 추로스를 굴려서 설탕을 묻혀준다.

* 여러가지 종류의 추로스 *

추로스라고 불리기도 하고
Porras 라고 하기도 한다
추로스 특유의 줄무늬가 없고
추로스 보다 두껍지만
가볍고 속이 덜 꽉찬 느낌

겉모습은 보통의 추로스과 비슷하지만
짧고 좀 더 크다.
안에 초콜렛이 들어있다

기본 추로스에 설탕+시나온

갓 튀겨낸 기본 추로스를
Chocolate 에 찍어먹는타입

커피 잔과 추로스Churros 그리기

① 파랑 계열 색으로 커피 잔 윗부분을 살짝 위에서 본 시점으로 그리고(두께감 있는 선으로), 커피 잔 몸통은 정면에서 본 시점으로 그려준다.

② 컵 윗면을 그린 것과 비슷한 두께의 선으로 받침 테두리를 그리고 나머지 부분도 선으로 그려 마무리 한다.

③ 커피 잔 옆에 설탕봉지를 그려준다. 기본 직사각형 모양에서 양쪽 끝이 밀봉된 느낌, 아래쪽으로는 살짝 볼록하게 구겨진 느낌도 표현한다.

*재질이 비닐인 점을 생각하면서 그리기

④ 그려둔 커피 잔 안에 초콜릿 색으로 초코라떼를 채색한다.

⑤ 접시 그릴 공간을 생각하면서 추로스 하나를 그리고 채색한다.

(*깔라마레스 프리또스 Calamares Fritos 그릴 때와 비슷한 순서로 진행)

⑥ 그려둔 추로스를 기준으로 그 위쪽에 여러 개의 추로스를 반복해서 겹쳐 그린다.

*모양이나 크기 조금씩 다르게!

⑦ 추로스의 겹친 경계를 가늘게 표시해두고 기존에 사용했던 색보다 좀 더 진한 색으로 부분부분 터치감을 준다. 커피 잔에 초코라떼도 표현.

⑧ 제일 처음 그렸던 추로스를 기준으로(겹쳐진 부분을 생각하면서) 특유의 줄무늬를 넣어준다.

*한번에 그리지 말고 중간 중간 선을 끊어서 그려주는 게 좀 더 자연스럽다.

*끝부분은 단면 모양을 살려서 그린다.

⑨ 추로스 뒤로 종이가 깔린 접시를 그려준다. 종이는 두 장이 겹쳐있는 것처럼 한쪽 부분만 표현, 접시 아래의 두께감도 살려주고
　　재료의 거친 질감을 살려 명암 표현도 함께 해준다.
　　*종이를 그릴 때는 구겨진듯한 종이의 특성을 살려 반듯하지 않는 선으로 그린다.

⑩ 커피 잔 표면과 설탕봉지에도 명암 표현을 하고 패키지에 적　　⑪ 그려둔 커피 잔 받침 위로 티스푼을 그린다. 티스푼은 머리
　　힌 글자도 적어준다.　　　　　　　　　　　　　　　　　　　　　　부분 위쪽이 살짝 뾰족한 타원형으로 시작해서 손잡이 부
　　　　　　　　　　　　　　　　　　　　　　　　　　　　　　　　　　분까지 그린다.

⑫ 그려두었던 커피 잔과 접시 아래로 둥근 매트 부분을 채색하고 마무리한다.
　　*꼼꼼히 전부 칠하지 않아도 괜찮다. 오히려 흰 부분을 부분 부분 조금 보이게 채색하는 것도 좋음.

ARROZ CON LECHE

*쌀과 우유를 시나몬과 함께 달콤하게 끓여서 차갑게 식혀먹는 디저트이다. 우유랑 쌀이 같이 들어간 디저트라니, 생소할 수 있는 조합이지만 스페인에서는 마트에서 여러 종류를 팔 정도로 매우 대중적인 디저트이다. 한두 번 먹다보면 또 그 이색적인 맛에 빠져들게 된다.

재 료

ARROZ
LECHE
AZUCAR
MANTEQUILLA
PIEL DE LIMÓN

: 우유 1L, 쌀 100g, 설탕 60g, 레몬이나 오렌지 껍질 조금, 시나몬스틱 1개, 버터 10g

레 시 피

1 재료 세척하기(쌀, 오렌지, 레몬)
*오렌지 레몬 세척 방법은 상그리아 레시피 참고(p.141)

2 냄비에 우유, 쌀을 넣고 약불에 끓인
다. 틈틈이 저어주기.
*우유가 끓어 넘치지 않게 계속 약불을 유
지한다.

3 레몬, 오렌지 껍질을 필링해서 넣는다.

4 시나몬스틱을 넣고 쌀이 익을 때까지 저어주면서 끓인다.

5 쌀이 어느 정도 익으면 설탕을 넣고 저어준다.

6 조리가 거의 다 되었을 때쯤 버터 한 조각을 넣고 저어준다.

7 살짝 걸쭉한 농도가 되고 쌀이 완전히 익으면 불을 끄고 레몬, 오렌지 껍질과 시나몬을 건진다.
*식힌 후 냉장고에 보관해 차갑게 먹는다.
*먹기 전에 시나몬가루 뿌리기.

25. 상그리아(띤또 데 베라노)

✲스페인 음식하면 대표적으로 떠오르는 몇 가지 중 하나일 상그리아는 와인에 슬라이스한 오렌지, 레몬, 딸기, 사과 등을 넣어서 만들고 더운 여름에 주로 마신다.
보통 Vino de tinto(레드와인)로 만들지만 Vino de blanco(화이트와인)이나 Cava(샴페인)로 만드는 버전도 있다.

SANGRÍA
LIMÓN
NARANJA
MANZANA
VINOTINTO

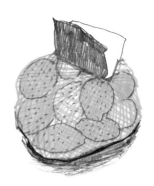

재 료

: **오렌지** 1-2개, **사과** 1/2개, **레몬** 1/2-1개, **레드와인** + **꿀**이나 **설탕**(생략 가능)

*오렌지는 필수, 다른 재료는 단맛 나는 과일을 사용 하면 되는데 딸기나 키위 같은 과일은 물러져서 상그 리아가 탁해질 수 있다.

마트에서
판매하는
저렴이 와인으로
충분

레 시·피

A. 상그리아SANGRIA

1 오렌지, 레몬, 사과를 깨끗하게 세척한다.

*껍질째 잘라서 넣게 되는데, (특히 오렌지나 레몬)과일 껍질에는 왁스 성분이 있어서 세척 단계에서 꼼꼼히 신경을 써야 한다.

*3단계 세척

-케이킹소다를 푼 물에 과일을 잠시 담가 두었다가 수세미를 이용해서 닦는다.

-껍질에 있는 왁스 성분이 녹을 수 있게 끓는 물에 굴 려가며 데친다. 물을 끓여서 부어주어도 ok, 수세미 로 닦는다.

*속까지 익지 않도록 주의

-베이킹소다나 굵은 소금을 사용해서 한 번 더 수세 미로 세척.

2 재료를 적당한 크기로 자른다.

3 준비한 병에 과일과 레드와인을 넣는다.

4 반나절에서 하루 정도 냉장고에 차갑게 넣어둔다.
*취향에 따라 꿀이나 설탕을 넣어 마시기도 한다.

B. 띤또 데 베라노TINTO DE VERANO

*이 책에서 만들어볼 Tinto de verano의 베이스는 설탕을 넣지 않은 상그리아이다.

*한두 잔씩 소량으로 마실 때는 만들어둔 상그리아를 컵에 붓고 토닉워터를 넣어 섞는다. 얼음 추가 ok.(취향에 따라 토닉워터로 단맛을 조절한다.)

*한 번에 소비가 가능할 때는 과일과 함께 레드와인과1: 토닉워터1 비율로 처음부터 넣어도 ok.(취향에 따라 토닉워터 비율 조절 가능)

*보통 레드와인 한 병으로 상그리아를 만들어 두면 손님이 오지 않는 이상 한 번에 소비가 힘들기 때문에, 처음은 상그리아 그대로 맛을 보고 남은 것은 띤또 데 베라노로 마신다.

*상그리아는 만들고 나서 이틀 내에 마시는 게 제일 좋지만, 냉장고에 3-5일 정도 보관해도 ok.

과일과 상그리아 그리기

적합한 재료

선: 색연필, 연필, 컬러펜
채색: 수채화, 아크릴물감, 마카펜 등

과일 그리기

① 선으로 레몬과 오렌지 형태를 잡아준다. 살짝 찌그러진 원형인데, 레몬은 거의 타원형에 가깝다. 오른쪽 앞엔 반으로 잘라진 오렌지도 그려준다.

② 선으로 그려둔 형태를 따라 채색한다. 반으로 잘라진 오렌지의 윗부분은 조금 더 밝은 색으로 칠한다.

③ 채색했던 것보다 조금 더 진한 색으로 부분 부분 터치감을 준다. 레몬과 오렌지의 울퉁불퉁한 느낌도 표현하다.

④ 반으로 잘라진 오렌지 윗면에 흰색으로 오렌지
　 단면을 그려준다.

상그리아 그리기

① 병의 윗부분부터 위치를 잡아준다. 타
　 원형을 기본으로 한쪽 부분을 살짝 뾰
　 족하게, 두 줄을 겹쳐서 병의 두께감
　 을 표현한다.

② 몸통 1/4쯤 되는 부분부터 안으로 좁
　 아지게, 바닥은 병 윗부분보다 넓게 병
　 형태를 잡고 손잡이도 그려준다. 선이
　 나 형태가 반듯하지 않아도 괜찮으니
　 천천히 이어서 그린다.

③ 병 안쪽에 잘린 오렌지와 레몬 형태를
　 선으로 먼저 드로잉 한다. 겹쳐진 부분
　 도 표현한다.

④ 드로잉 한 형태대로 채색한다.

⑤ 좀 더 진한색으로 터치감을 내준다. 오
　 렌지, 레몬 단면에 알갱이를 표현하는
　 데, 전체 다 하지 않아도 괜찮다. 한 부
　 분에만 몰리지 않게 불규칙적으로 표
　 현한다.

⑥ 흰색으로 레몬, 오렌지 단면을 그려
　 준다.

⑦ 베이지색으로 사과 조각 형태를 그리고 채색한다.

⑧ 사과 조각에 좀 더 진한 색으로 터치감을 준다.

⑨ 사과 조각 끝부분에 빨간색으로 사과 껍질 표현을 해준다.

⑩ 그려둔 과일을 피해서 와인이 부분을 채색한다.

⑪ 와인색보다 조금 더 진한 색으로 명암을 내준다. 물방울 표현도 동그랗게 몇 개 그려준다.

⑫ 상그리아 병 아래의 동그란 매트 형태를 잡고 채색한다. 병의 투명한 재질 표현을 위해 병을 그린 선과 상그리아 사이에 공간을 조금 남기고 채색한다.

⑬ 흰색 선으로 매트 무늬를 그린다. 먼저 위에서 아래로 선을 그리고 선과 선 사이에 빗금무늬를 그려준다. 마무리로 매트 아래쪽 외곽에 검정색 선으로 그림자 표현.

⑭ 같은 순서로 병 옆에 상그리아가 담긴 컵도 하나 그려보기.

일러스트로 더 알기 쉬운,

스페인 가정식 레시피

1판 1쇄 인쇄 2020년 3월 25일
1판 1쇄 발행 2020년 3월 30일

지 은 이 박수정
발 행 인 이미옥
발 행 처 아이생각
정   가 15,000원
등 록 일 2003년 3월 10일
등록번호 220-90-18139
주   소 (03979) 서울 마포구 성미산로 23길 72 (연남동)
전화번호 (02)447-3157~8
팩스번호 (02)447-3159

ISBN 978-89-97466-66-5 (13590)
I-20-02

내일의 디자인
더 나은 디자인

D · J · I BOOKS

DESIGN STUDIO

- 디제이아이 북스 디자인 스튜디오 -

BOOK · CHARACTER · GOODS · ADVERTISEMENT
GRAPHIC · MARKETING · BRAND CONSULTING

FACEBOOK.COM/DJIDESIGN

Book · Character · Goods · Advertisement · Graphic · Marketing · Brand consulting

D · J · I
BOOKS
DESIGN
STUDIO